BEI GRIN MACHT SICH IHR WISSEN BEZAHLT

- Wir veröffentlichen Ihre Hausarbeit,
  Bachelor- und Masterarbeit

- Ihr eigenes eBook und Buch -
  weltweit in allen wichtigen Shops

- Verdienen Sie an jedem Verkauf

Jetzt bei www.GRIN.com hochladen
und kostenlos publizieren

Martin Wendel

Methoden zur Gewässergütebestimmung

Welche Methoden müssen angewandt und welche Werte bestimmt werden, um ein Gewässer in eine Gewässergüteklasse einzuordnen?

GRIN Verlag

Bibliografische Information der Deutschen Nationalbibliothek:

Die Deutsche Bibliothek verzeichnet diese Publikation in der Deutschen National-
bibliografie; detaillierte bibliografische Daten sind im Internet über http://dnb.d-
nb.de/ abrufbar.

Impressum:

Copyright © 2006 GRIN Verlag GmbH
Druck und Bindung: Books on Demand GmbH, Norderstedt Germany
ISBN: 978-3-640-32085-1

Dieses Buch bei GRIN:

http://www.grin.com/de/e-book/126234/methoden-zur-gewaesserguetebestimmung

Johannes Gutenberg-Universität Mainz

Geographisches Institut

Proseminar: Geoökologie

Datum: 06.11.2006

Methoden zur Gewässergütebestimmung

Welche Methoden müssen angewandt und welche Werte bestimmt werden, um ein Gewässer in eine Gewässergüteklasse einzuordnen?

Vorgelegt von:

Martin Wendel

Inhaltsverzeichnis

1. Einführung in das Themengebiet

Seit den 70er Jahren des letzten Jahrhunderts sind der Umweltschutz und der nachhaltige Umgang mit der Ressource Natur immer mehr zum öffentlichen Anliegen geworden. „Um dem gesetzlichen Auftrag gerecht zu werden, die Gewässer im Interesse des Wohls der Allgemeinheit zu schützen und gleichzeitig die Nutzung durch einzelne zu ermöglichen, ist es neben vielen anderen Maßnahmen erforderlich, die Fließgewässer zu bewerten"

(FRIEDRICH 1986: 9). Die wichtigsten Methoden um ein Gewässer in eine Güteklasse einzuordnen werden hier mit Ihren Stärken und Schwächen dargestellt.

2. Die Gewässergüteklassen.

„Die Arbeitsgruppe „Gewässergütekarte" der Länderarbeitsgemeinschaft Wasser (LAWA) hat 1975 als Legende zu einer einheitlichen Gewässergütekarte der Bundesrepublik Deutschland folgende allgemein verständliche Definition für die 4 Güteklassen und ihre Zwischenklassen (somit 7 Stufen) gegeben.

Güteklasse 1: unbelastet bis sehr gering belastet (oligosaprob)

Gewässerabschnitte mit reinem, stets annähernd sauerstoffgesättigtem und nährstoffarmen Wasser; geringer Bakteriengehalt; mäßig dicht besiedelt, vorwiegend von Algen, Moosen, Strudelwürmern und Insektenlarven; Laichgewässer für Edelfische

Güteklasse I-II: gering belastet (oligosabrob/betamesosaprob)

Gewässerabschnitte mit geringer anorganischer oder organischer Nährstoffzufuhr ohne nennenswerte Sauerstoffzehrung; dicht und meist in großer Artenvielfalt besiedelt.

Güteklasse II: mäßig belastet (beta-mesosaprob)

Gewässerabschnitte mit mäßiger Verunreinigung und guter Sauerstoffversorgung; sehr große Artenvielfalt und Individuendichte von Algen, Schnecken, Kleinkrebsen, Insektenlarven; Wasserpflanzenbestände bedecken größere Fläche; ertragreiche Fischergewässer.

<u>Güteklasse II-III: kritisch belastet (beta-mesosaprob/alpha-mesosaprob)</u>

Gewässerabschnitte, deren Belastung mit organischen, sauerstoffzehrenden Stoffen einen kritischen Zustand bewirkt; Fischsterben infolge Sauerstoffmangels möglich; Rückgang der Artenzahl bei Makroorganismen; gewisse Arten neigen zu Massenentwicklung; Algen bilden häufig größere flächenbedeckende Bestände.

<u>Güteklasse III: Stark verschmutzt (alpha-mesosaprob)</u>

Gewässerabschnitte mit starker organischer, sauerstoffzehrender Verschmutzung und meist niedrigem Sauerstoffgehalt; örtlich Faulschlammablagerungen; flächendeckende Kolonien von fadenförmigen Abwasserbakterien und festsitzenden Wimpertieren übertreffen das Vorkommen von Algen und höheren Pflanzen; nur wenige, gegen Sauerstoffmangel unempfindliche tierische Makroorganismen wie Schwämme, Egel, Wasserasseln, kommen bisweilen massenhaft vor; geringe Fischereierträge; mit periodischen Fischsterben ist zu rechnen.

<u>Güteklasse III- IV: sehr stark verschmutzt (alpha-mesosaprob/polysaprob)</u>

Gewässerabschnitt mit weitgehend eingeschränkten Lebensbedingungen durch sehr starke Verschmutzung mit organischen, sauerstoffzehrenden Stoffen, oft durch toxische Einflüsse verstärkt; zeitweilig totaler Sauerstoffschwund; Trübung durch Abwasserschwebstoffe; ausgedehnte Faulschlammablagerungen, durch rote Zuckmückenlarven oder Schlammröhrenwürmer dicht besiedelt; Rückgang fadenförmiger Abwasserbakterien; Fische nicht auf Dauer und dann nur örtlich begrenzt anzutreffen.

<u>Güteklasse IV: Übermäßig verschmutzt (polysaprob)</u>

Gewässerabschnitte mit übermäßiger Verschmutzung durch organische sauerstoffzehrende Abwässer; Fäulnisprozesse herrschen vor; Sauerstoff über lange Zeiten in sehr niedrigen Konzentrationen vorhandeln oder gänzlich fehlend; Besiedlung vorwiegend durch Bakterien, Geißeltierchen und freilebende Wimpertierchen; Fische fehlen; bei starker toxikologischer Belastung biologische Verödung" (MAUCH 1976: 11ff).

Bei diesen Klassen wird besonders zwischen Belastung und Verschmutzung unterschieden. „Dahinter steht, dass Belastung generell negativ, aber ggf. noch tragbar ist. Verschmutzung ist dagegen ein untragbarer Zustand, weil er das Gewässer und die potentielle Nutzung schädigt" (FRIEDRICH 1986: 11). Anhand der Klassen ist es möglich jedes Gewässer standardisiert einzuordnen und zu vergleichen. Auch lassen sich so Erfolge des Umweltschutzes, oder Schäden durch Abwässer belegen und kartieren. Die genaue Definition der Güteklassen ist daher von elementarer Bedeutung für den Gewässerschutz. Um ein Gewässer in eine dieser sieben Stufen einzuordnen kommen verschiedene Methoden zum Einsatz, die zum Teil kombiniert werden müssen. Grundsätzlich gilt, dass eine Methode oder ein Wert allein, keine gesicherte und tiefgehende Aussage zulässt. Erst eine genaue Analyse eines Gewässers mit verschiedenen Methoden lässt eine gesicherte Aussage über die Güteklasse und die Gründe für diesen Zustand zu.

3.   Die Methodengruppen

Es gibt drei grundsätzlich zu unterscheidende Methodengruppen. Die chemischen Verfahren, die biologischen und die physikalischen Verfahren. Sie unterscheiden sich in Ihrem Ansatz. Die chemischen Verfahren haben zum Ziel genaue Inhaltsstoffe und Konzentrationen im Wasser zu ermitteln. Die biologischen Verfahren basieren auf Empirie. „Die Charakterisierung eines Gewässers durch seine pflanzliche und tierische Besiedlung ist der grundlegende Gedanke der biologischen Gewässeranalyse" (MAUCH 1986: 34). Die physikalischen Methoden beschreiben den Gewässerzustand über Parameter wie Temperatur, Sichttiefe oder Menge der absetzbaren Stoffe. Erst die Betrachtung verschiedener Werte und deren Beurteilung ermöglichen ein klares Erfassen des Gewässers.

So ist zum Beispiel die Sauerstoffaufnahmefähigkeit von Wasser stark von der Temperatur abhängig, d.h. ein chemisch ermittelter Sauerstoffgehalt ist ohne Kenntnisse über die Wassertemperatur nicht aussagekräftig (vgl. BAUR 1987: 81f). Die drei Methodengruppen stehen also nicht in Konkurrenz zueinander, sondern ergänzen sich.

3.1   Die Biologischen Methoden

„Die Verfahren der ökologischen Gewässeruntersuchung gehen von der Tatsache aus, dass die Organismengemeinschaft jedes Gewässers seiner ökologischen Gesamtsituation entspricht und somit durch die Wasserbeschaffenheit geprägt wird" (ADRIAN 1999: 13). Schon „1853 schrieb Cohn (…) über „lebendige Organismen im Trinkwasser" Er unterscheidet (…) Bewohner reinen von denen des fäulnisfähigen Wassers und erkennt, dass die Gärungs- und Infusionstierchen im Trinkwasser nicht an sich schädlich sind sondern Anzeichen dafür, dass das Wasser(…) eine der Gesundheit nicht zuträgliche Beschaffenheit besitzt. Man kann Cohn als Begründer der biologischen Gewässeranalyse sehen" (MAUCH 1986: 57). „Aufbauend auf dieser Erkenntnis haben „Kolkwitz und Marsson (…) 1908 und 1909 mit der Veröffentlichung von Listen pflanzlicher und tierischer Saprobien, also biologischer Indikatoren für Gewässerverschmutzung den Grundstein für das bis heute noch benutzte Saprobiensystem gelegt" (FRIEDRICH 1986: 9f). „(Indikator= griechisch „Anzeiger", Biologie = Lehre vom Lebendigen; also sind „Bio Indikatoren" nichts anderes als lebendige Anzeiger der Gewässergüte)" (BAUR 1987: 23) Also kann man zusammenfassend sagen, dass „die biologische Gütebestimmung (…) anhand des Vorkommens und der Vitalität von Indikatororganismen eine Durchschnitts- und Langzeitaussage" (TONDORF-KRÄMER 1989: 135). über das untersuchte Gewässer liefert. Die Durchschnitts- und Langzeitaussagekraft beruht auf der Tatsache, dass alle Indikatoren ständig den Umweltbedingungen ausgeliefert sind und sich so auch Rückschlüsse auf die bisherigen Bedingungen schließen lassen. Diese Methodengruppe findet vornehmlich in der Untersuchung von Fließgewässern ihre Anwendung, da dort viele und relativ einfach zu bestimmende Indikatoren vorkommen.

3.1.1   Der Saprobienindex

Abbildung 1:   Gerätschaften zur Bestimmung des
Saprobienindex
Quelle: BAUR 1987: 45

Der Saprobienindex ist das wichtigste Verfahren der biologischen Gewässergütebestimmung. Das so genannte Saprobiensytem ist auf empirischem Wege von dem Phänomen der natürlichen Selbstreinigung in Gewässern hergeleitet. Zur Bestimmung des Saprobienindex sind nur einige einfache Hilfsmittel nötig (vgl. Abb. 1). Man benötigt lediglich ein engmaschiges Sieb oder Netz, um Indikatororganismen (vgl. Abb. 2-5) aus dem Gewässer zu fangen, eine helle Schale, in der man die gefundenen Organismen untersucht und bestimmt, eine Lupe, um die Untersuchung zu erleichtern, einige verschließbare Gläser, um ggf. Indikatortiere zu konservieren und einige Pinzetten und Pipetten.

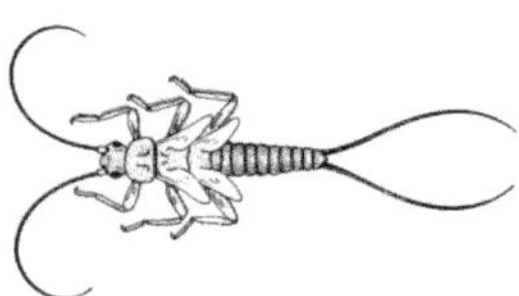

Abbildung 2: Steinfliegenlarve,
Güteklasse I
Quelle: Baur 1987: 23

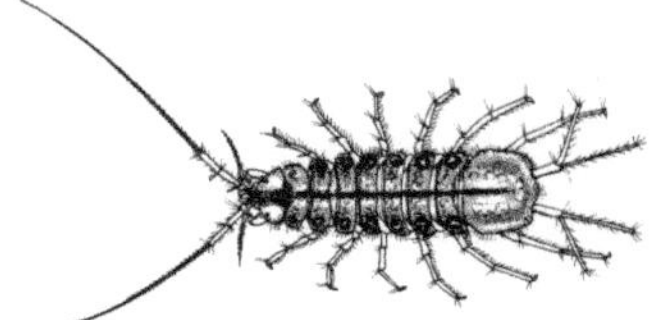

Abbildung 3:
Wasserassel,
Güteklasse III
Quelle: Baur 1987: 41

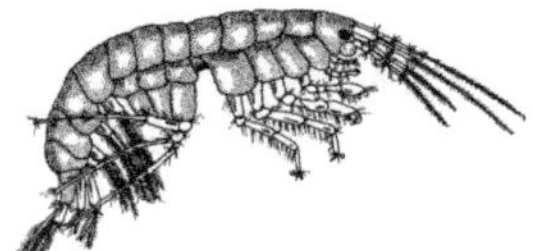

Abbildung. 4:
Bachflokrebs,
Güteklasse II
Quelle: Baur 1987: 31

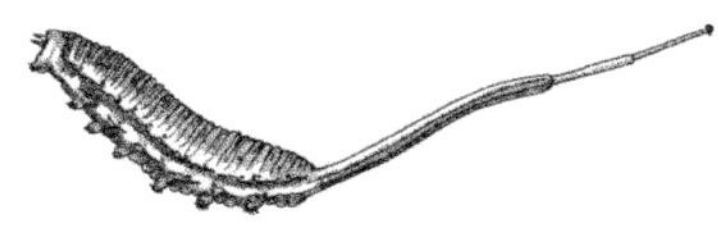

Abbildung. 5:
Rattenschwanzlarve,
Güteklasse IV
Quelle: Baur 1987: 43

Wichtig bei der Probennahme ist die Auswahl eines repräsentativen Gewässerabschnittes. Dies birgt ein erstes Problem, denn die Auswahl eines Flussabschnittes ist rein subjektiv und oft von einfachen praktischen Bedingungen, wie z.B. der Erreichbarkeit, beeinflusst. Um Indikatortiere zu sammeln empfehlen manche Wissenschaftler, „immer genau 10 Steine von der Größer einer Faust abzulesen, mit dem Sieb eine bestimmte Menge Bodengrund aufzuschöpfen und eine genau abgemessene Strecke im Pflanzendickicht zu untersuchen. Obwohl solche Empfehlungen durchaus etwas für sich haben, kann ich mich diesen nur bedingt anschließen: Je mehr Proben entnommen, je mehr Indikatoren also erfasst werden desto genauer wird das Ergebnis" (BAUR 1987: 45f). Man sollte also ein gesundes Mittel zwischen Untersuchungsaufwand und Probengenauigkeit finden.

Die gefundenen Indikatortiere werden gezählt und auf einem Bogen vermerkt(vgl. Abb. 6). Jedem dieser Organismen ist ein Indikatorwert zugeordnet. 1 steht hier für einen Anzeiger für sauberes Wasser, 4 für stark verschmutztes Wasser. Grundsätzlich gilt, dass kaum ein Indikator in nur genau einer Güteklasse zu finden ist. Die Zuordnung stellt ein Mittel der ökologischen Potenz des Indikatororganismus dar. Da man in fast jedem Gewässer Anzeiger für verschiedene Güteklassen findet, wird die Anzahl der einzelnen Indikatoren mit dem Indikatorwert multipliziert und gemittelt. Der erhaltene Wert stellt ein Zwischenergebnis dar, das je nach Anzahl der gefundenen Arten korrigiert werden muss. Wurden 14 oder mehr Arten gefunden wird der Wert um 0,5 verbessert, bei 11-13 Arten um 0,2. Bei 3-4 gefundenen Arten wird das Ergebnis um 0,2 verschlechtert, bei weniger Arten um 0,5. Werden 5-10 Arten gefunden bleibt das Ergebnis unverändert (vgl. Abb. 6).

Der gewonnene Wert stellt einen Durchschnitts- und Langzeitwert da. Er sagt etwas über die Wasserbeschaffenheit über die gesamte Lebensspanne der gefundenen Organismen aus, dar „die Organismen im Laufe Ihrer Lebens- und Generationszeit den unterschiedlichen Einflüssen ständig ausgesetzt sind und somit diese Einflüsse integrieren" (ADRIAN 1999: 14). So kann man z. B. ausschließen, dass ein Gewässer kürzlich von einer Giftwelle beeinflusst wurde, wenn man ältere Tiere mit nur geringem Toleranzbereich gegenüber Giften findet.

Ein weiterer Vorteil dieser Methode ist die sehr einfache und günstige Handhabung. Der große Nachteil dieser und aller anderen biologischen Methoden ist, dass es nur rein deskriptive Aussagen zulässt. „Ein weiterer wichtiger Aspekt ist zu nennen dem das Saprobiensystem nicht gerecht werden kann: Die Vielzahl „moderner" Stoffe in den Gewässern. Gemeint sind hier eine Reihe von Schwermetallen, vor allem aber synthetische organische Verbindungen von den Spritzmitteln gegen Insekten und Unkräuter bis hin zu den

Organochlorverbindungen aus Chemischen-Reinigungen, die in mehr oder weniger hohen Konzentrationen in den Gewässern vorkommen können. Für diese Stoffe gibt es keine Indikatororganismen, die deren Anwesenheit oder gar bestimmte Konzentrationsbereiche signalisieren. Kommen diese Stoffe in geringen Konzentrationen vor, dann bleibt bei biologischen Gütebeurteilungen auf der Basis des Saprobiensystems deren Anwesenheit meist verborgen. Erst Schadstoffgehalte über der letalen Konzentration manifestieren sich im Besiedlungsbild durch den Ausfall einzelner Arten. Längerfristig können sich allerdings auch Schadstoffe im subletalen Bereich, die einzelne physiologische Reaktionen beeinträchtigen (etwa die Reproduktionsrate), durch Individuen und Artenschwund kundtun. Die Anwesenheit von Schadstoffen lässt sich nur auf Grund reduzierter Artendichten vermuten. Die Frage welche Stoffe oder gar in welchen Konzentrationen diese im Gewässer vorhanden sind, kann durch das Saprobiensystem nicht beantwortet werden" (HEUS 1986: 90).

Es ist lediglich möglich die Stelle des Schadstoffeintrags zu ermitteln. Findet man oberhalb eines Abschnittes Organismen mit einer geringen Toleranz, unterhalb aber nicht, besteht kein Zweifel an der Einleitungsstelle. Negativ ins Gewicht fällt, dass eine sichere Erhebung relativ viel Zeit und einen erfahrenen Gewässerkundler benötigen. „Das Sabrobiensystem ist bis heute die wichtigste Grundlage der Gewässergütebestimmung geblieben. Trotz aller berechtigter Kritik hat das Saprobiensystem schon deshalb seinen Platz behauptet, weil es bisher einfach keine annähernd so praktikable und dabei noch zuverlässige Methode der biologischen Gewässergütebestimmung gibt" (Mauch 1976, S9).

W. Baur	Krummensbach		
Name des Gewässerwartes	*Name des Gewässers*		
Brücke in Staig	31. 8. 79 16.00		
Ort der Probenentnahme	*Datum und Uhrzeit*		
Niedrig-Wasser, sehr klar			
Bemerkungen			
Bio-Indikatoren	Anzahl	Indikatorwert	Produkt
Steinfliegenlarven	18	1	18
Grundwanzen	2	1	2
Lidmückenlarven	—	1	
Flache Eintagsfliegenlarven	24	1	24
Graue Strudelwürmer	12	1,5	18
Köcherfliegenlarven mit Köcher	10	1,5	15
Tellerschnecken	—	2	
Runde Eintagsfliegenlarven	12	2	24
Bachflohkrebse	25	2	50
Flußnapfschnecken	7	2	14
Weiße Strudelwürmer	6	2	12
Große Schneckenegel	2	2	4
Kriebelmückenlarven	28	2	56
Köcherfliegenlarven ohne Köcher	16	2	32
Teichschlangen	—	2	
Erbsenmuscheln	—	2	
Spitzschlammschnecken	—	2	
Wasserasseln	3	3	9
Rollegel	1	3	3
Waffenfliegenlarven	—	3	
Kugelmuscheln	—	3	
Abwasserpilz	—	3,5	
Rote Zuckmückenlarven	5	3,5	17,5
Schlammröhrenwürmer	13	4	52
Rattenschwanzlarven	—	4	
Abwasserpilz (Bakterienkolonie)	—	4	
Summe:	184		350,5

Berechnung:

Produkt	:	Anzahl	=	Ergebnis	Endwert nach Korrektur
350,5	:	184	=	1,9	1,4

Korrektur: *verbessern* bei 11–13 Arten um 0,2 P, bei 14 und mehr um 0,5 P; *verschlechtern* bei 4–3 Arten um 0,2 P, darunter um 0,5 P; bei 5–10 Arten ist das „Ergebnis" der „Endwert"

Abbildung 6: Auswertungsbogen

Quelle: Baur 1987: 49

3.1.2   Die 10 Punkte Methode nach Zelinka & Marvan

„Dieser Methode liegt ein anderer Ansatz bei der Beschreibung der Indikatorfunktion einer Art zu Grunde: Ausgangspunkt ist die Tatsache, dass nur die wenigsten Arten einen eng begrenzten Bereich des saprobiellen Spektrums charakterisieren. Die meisten Indikatoren treten zwar gehäuft in einer bestimmten Saprobitätsstufe auf, sie können aber auch in anderen saprobiellen Bereichen präsent sein. (…) Am Beispiel von 3 Arten (vgl. Tab 1) aus der Ordnung der Eintagsfliegen soll der Modus der Einstufung erläutert werden"
(HEUS 1986: 98):

	bos	aos	bms	ams	ps	G
Rhitrogena hybrida (EATON)	10	--	--	--	--	5
Baëtis scambus (EATON)	--	5.	5	--	--	3
Baëtis rhodani (PICTET)	3	3	3	1	--	1

Tabelle 1: Indikatoreinstufungen nach Zelinka & Marvan

Quelle: Heus 1986: 98

„Die Summe der einzelnen Saprobienstufen vergebenen Punktwerte beträgt vereinbarungsgemäß 10. Hiernach ist die Art Rhitrogena hybrida ausschließlich im oligosabroben Bereich anzutreffen (Die oligosabrobe Stufe wird bei Zelinka und Marvan in Beta- (bos) und alpha-oligosaprob (aos) (…) unterteilt)" (HEUS 1986: 98).

„Anhand der Streuung der über die Saprobienstufen verteilten 10 Punkte wird das Indikationsgewicht nach einem bestimmten Schema mit ganzen Zahlen von 1-5 belegt. Bei der Auswertung (vgl. Abb. 7)finden auch die Häufigkeiten (h) der einzelnen Arten Berücksichtigung. Nach der Formel

$$ S = \frac{\sum [h_i \, (bos, \; aos, \; bms, \; ams, \; ps)_i \cdot G_i]}{\sum (h_i \cdot G_i)} $$

Abbildung. 7: Formel der 10 Punkte Methode
Quelle: Heus (1986): 94

wird der Saprobienwert errechnet. Als Ergebnis bekommt man Teilsummen für die einzelnen Stufen, die zusammen wieder 10 ergeben. Aus der Höhe der Teilsummen ergibt sich die saprobielle Einstufung der Probenstelle"(HEUS 1986: 99), welche die Güteklasse des Gewässers ausdrückt.

Vorteil dieser Methode ist, dass quantitative und qualitative Aspekte der Biozönose gleichermaßen berücksichtigt werden. Nachteilig sind der erhebliche Zeitaufwand und die Verteilung der 10 Punkte nach Empirischen Gesichtspunkten bei den (vgl. HEUS 1986: 99).

3.1.3   Der Artenfehlbetrag nach Kothé

In Ökosystemen mit vielseitigen Lebensbedingungen herrschen in der Regel Artenreichtum und Individuenarmut, zunehmendes Abweichen von diesem Standard, z.B. durch Eintrag von Biomasse, bedeutet dagegen wachsenden Artenschwund, aber hohe Individuendichte. In einem Gewässer der Güteklasse I sind danach viele verschiedene Arten zu finden, aber in nur geringer Anzahl. Ein Gewässer der Güteklasse IV besiedeln nur wenige Arten, deren Vorkommen aber massenhaft ist.

Die Differenz der Artenzahl eines unbelasteten Gewässerabschnittes (A1) zu der eines Abwasserbeeinflussten (Ax) kann nach der Formel (vgl. Abb. 8) als Maßstab einer Gewässerbeeinträchtigung genutzt werden. Ein Artenfehlbetrag von 0 % bedeutet, dass keine Veränderung eingetreten ist; einer von 100% bezeichnet völlige Verödung (vgl. HEUS 1986: 100).

$$\frac{A_1 - A_x}{A_1} \cdot 100 = \text{Artenfehlbetrag in \%}$$

Abbildung 8 : Artenfehlbetrag nach Kothé

Quelle: HEUS 1986: 100

3.2   Die chemischen Methoden

3.2.1   Grundlagen, Geräte und Bedeutung der chemischen Methoden

Im Gegensatz zu den biologischen Methoden bieten die chemischen Methoden die Möglichkeit einzelne Stoffe mit genauer Konzentration nachzuweisen. Jedoch bildet ein Wert allein nicht die Beschaffenheit eines Gewässers ab. Es ist somit nötig viele verschiedene Werte zu ermitteln, deren Gesamtbild Aussagen über das Gewässer zulassen. Mit Hilfe der im Folgenden vorgestellten Methoden werden einzelne Stoffkonzentrationen ermittelt, die zusammengesetzt ein detailliertes Bild des Gewässers abzeichnen. Besonderes Gewicht haben so ermittelte Werte vor Gericht. Es ist sehr viel leichter eine Abwassereinleitung zu belegen und zurückzuverfolgen, wenn exakte Werte vorliegen. Jedoch setzt dies voraus, dass zum Zeitpunkt des belastenden Eintrags Proben entnommen wurden. Ist dies nicht der Fall kann ein Eintrag nur über biologische Methoden bewiesen werden. Man kann also sagen, „dass chemische Methoden einer Blitzlichtaufnahme entsprechen, die zwar den augenblicklichen Zustand exakt abbilden, jedoch keinerlei Schlüsse über vergangene Ereignisse zulässt, wie es mit den biologischen Methoden möglich ist (vgl. BAUR 1987: 53).

„Der Nachteil der Momentaufnahme kann dadurch abgeschwächt werden, dass man sie in bestimmten Zeitabschnitten wiederholt, Messreihen durchführt"(BAUR 1987: 53). Eine besondere Bedeutung wird den chemischen Methoden bei der Beurteilung von stehenden Gewässern zu Teil. „Eine ganze Reihe wichtiger Faktoren ist nämlich in stehenden Gewässern über die Bio-Indikatoren (…) gar nicht (…) zu bestimmen" (BAUR 1987: 53). Auch ist die chemische Analyse von Gewässern für die Fischerei von großer Bedeutung, denn „ bedrohliche Situationen sollen erkannt werden, bevor Bio-Indikatoren oder Fische eingehen" (BAUR 1987: 54). Zu diesem Zweck werden Gewässer regelmäßig auf Stoffe untersucht die im Folgenden vorgestellt werden.

Die Titration, die sich das Prinzip dass sich Säuren und Basen neutralisieren zu Nutze macht, gehört zu den einfachen chemischen Methoden. Hierbei wird der zu testenden Flüssigkeit ein Indikator zugefügt, der bei einem bekanntem pH-Wert umschlägt. Je nachdem ob sich eine Säure oder Base in der Probe befindet, wird mir einer in ihrer Konzentration genau bekannten Säure oder Base tropfenweise titriert, bis der Indikator umschlägt (vgl. Abb. 9). Dann kann an der Bürette der Verbrauch an Säure oder Base abgelesen und die Konzentration in der Testflüssigkeit errechnet werden. Dieses Verfahren findet z.B. Anwendung bei der Bestimmung des Säurebindungsvermögens

(vgl. www.seilnacht.com).

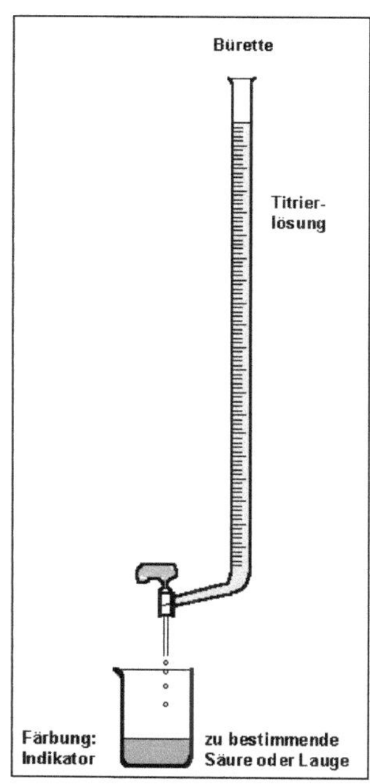

Abbildung 9 : Die Titration

Quelle: www.seilnacht.com,
(3.11.2006)

Eine etwas aufwendigere Methode stellt die Colorimetrie dar (vgl. Abb. 10). Dabei werden 2 gleiche Testgefäße mit Wasser aus einer Probe gefüllt. In eines der Gefäße werden Chemikalien zugegeben, die mit dem zu messenden Stoff eine Farbreaktion eingehen. Nach einer genau festgelegten Zeit werden beide Gefäße in einem Träger über eine Farbscala bewegt, bis man durch beide Gefäße die gleiche Farbe sieht. Die unbehandelte Probe ist wichtig, weil die bereits in der Probe vorhandene Schwebstoffe oder Pigmente das Ergebnis verfälschen können. Durch den Farbvergleich durch die Probe hindurch wird dieser Einfluss minimiert.

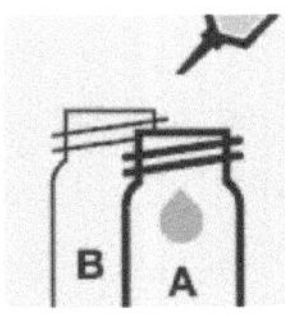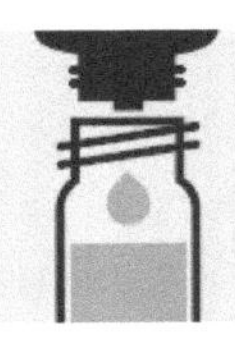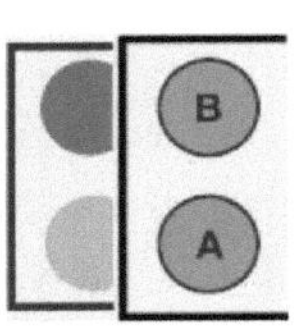

Abbildung 10:
Die Cholorimetrie

Quelle:
http://pronet-internet.merck.de/Attachment/16139.ProNet.pdf?file
(3.11.2006)

Über diese Methode ist bereits eine recht genaue Bestimmung der Stoffkonzentrationen möglich, jedoch müssen Zwischenwerte zwischen den Abstufungen der Farbscala geschätzt werden.

Dieses Problem entsteht bei der Photometrie nicht. Hierbei wird die Farbwahrnehmung des Auges künstlich nachgebildet. Es werden ebenfalls mindestens 2 Proben untersucht und verglichen. Analog zur Colorimetrie wird hier das Prinzip der Farbreaktion genutzt, eine Probe in ursprünglichem Zustand belassen und eine mit Chemikalien versetzt, die eine Farbreaktion herbeiführen. Zunächst wird die Transparenz des reinen Lösungsmittels im Photometer bestimmt (vgl. Abb. 11). Dabei wird die Probe mit Licht einer bestimmten Wellenlänge und Intensität durchleuchtet. Hinter der Probe wird über eine Fotozelle die Menge an Licht gemessen die die Probe durchdringt. Dieser Wert wird gleich 100 gesetzt.

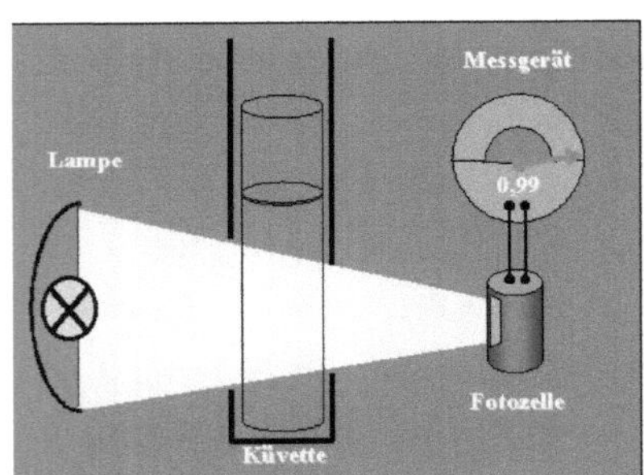

Abbildung. 11: Photometrie, Transparenzbestimmung
Quelle: www.uni-hohenheim.de (3.11.2006)

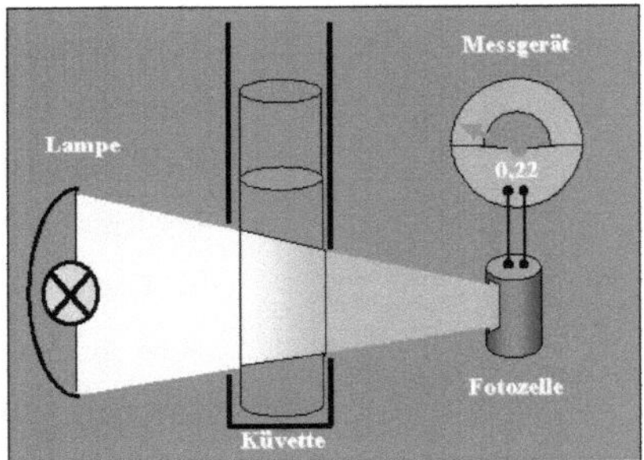

Abbildung 12: Photometrie, Extiktionbestimmung
Quelle: www.uni-hohenheim.de (3.11.2006)

Danach werden die behandelten Proben, in absolut gleichen Gefäßen, in das Gerät eingesetzt (vgl. Abb. 12). Durch die höhere Menge an Pigmenten wird mehr Licht in der Probe gestreut und kann sie somit nicht durchdringen. Das Licht, dass die Probe durchdringt wird wieder gemessen. Durch die Streuung und Absobtion(Extinktion) lässt sich über das Lambertsche

Strahlungsgesetz die Menge an Pigmenten in der Probe berechnen und somit auch die Stoffkonzentration bestimmen (vgl. www.uni-hohenheim.de). Diese Methode liefert die exaktesten Werte, benötigt aber auch einen erheblichen apparativen Aufwand.

3.2.2 Bestimmung und Bedeutung des Sauerstoffgehaltes

Bei der Bestimmung des Sauerstoffgehaltes spielt die Probenentnahme eine besonders bedeutende Rolle. Hier ist besonders zu beachten, dass man nicht einfach das Wasser in eine Probenflasche hineinlaufen lässt. Durch die Verwirbelungen wird Sauerstoff aus der Luft in die Probe eingetragen, was die Probe verfälscht. Dies ist von verheerender Wirkung bei Gewässern die nur wenig Sauerstoff enthalten, da ein Mangel an Sauerstoff nicht erkannt werden kann. Am Besten ist es die Probenflasche in das Wasser einzutauchen und unter Wasser die Probe in der Flasche mehrmals auszutauschen. Dies kann man z.B. dadurch erreichen, dass man mit Hilfe einer großen Spritze das Wasser aus der Flasche herauszieht. Das nachströmende Wasser hatte keinen Kontakt zur Umgebungsluft und ist unverfälscht. Der Sauerstoffgehalt wird über die Titration oder die Colorimetrie ermittelt. Er wird in mg/l angegeben (vgl. BAUR 1987: 57).

Wichtiger als die bloße Menge an Sauerstoff die im Wasser gelöst ist, ist die relative Sauerstoffsättigung. Sie Gibt das Verhältnis der möglichen zur tatsächlichen Sauerstoffkonzentration an. Der so genannte Sättigungswert gibt an wieviel Sauerstoff bei der vorliegenden Wassertemperatur maximal gelöst werden kann. Diesen Wert kann man aus Tabellen ablesen. „Mit einer einfachen Formel (vgl. Abb. 13) kann prozentuale Sättigung ermittelt werden"(BAUR 1987: 84):

$$\frac{100 \times \text{tatsächlicher Wert}}{\text{Sättigungswert}} = \text{prozentuale Sättigung}$$

Abbildung. 13: Sauerstoffsättigung

Quelle: BAUR 1987: 84

Dieser Wert ist von so großer Bedeutung, weil sich so bestimmen lässt ob Sauerstoffzerrende Prozesse, wie sie nach der Einleitung von Schmutzwasser üblich sind, im Wasser ablaufen und ob der natürliche Sauerstoffeintrag über Diffusion und Fotosynthese nicht ausreicht um günstige Bedingungen beizubehalten.

3.2.3 Bestimmung und Bedeutung des biologischen Sauerstoffbedarfs

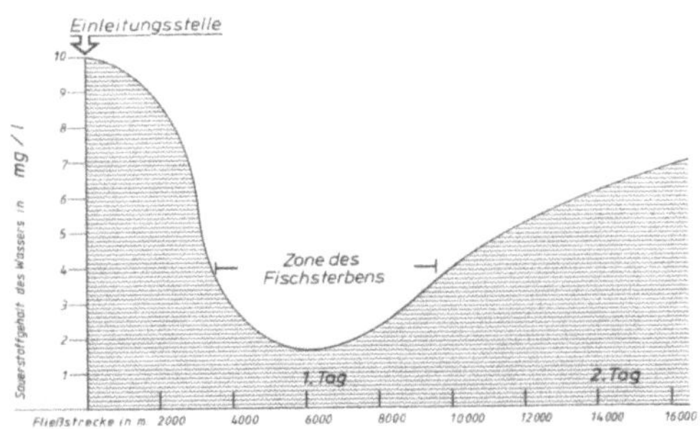

Abbildung 14 Die Auswirkungen von Schmutzwasser
Quelle: BAUR 1987: 13

Der Sauerstoffgehalt des Wassers nimmt nach Eintrag von Schmutzwasser trotz ununterbrochenem Eintrag u. U. sogar so weit ab, dass die Sauerstoffzehrung zu einem Fischsterben führen kann (vgl. Abb. 14). Den Zusammenhang zwischen der Verschmutzung des Gewässers und der Abbautätigkeit der Mikroorganismen nutz man aus, um durch ein ganz einfaches Verfahren zuverlässige Werte über den Verschmutzungsgrad einer Probe zu erhalten. Wird dem entnommenen Probenwasser durch die Bakterientätigkeit viel Sauerstoff entzogen, muss die Belastung groß gewesen sein. Ist der Sauerstoffverbrauch dagegen sehr gering, so war auch nur wenig abbaubare Substanz im Wasser enthalten. Man gewinnt so über die Messung des Sauerstoffverbrauchs Aussagen über die organische Belastung des Gewässers (vgl. BAUR 1987: 59). Für diese Messung wird der Sauerstoffgehalt einer Probe zu Beginn bestimmt. Dann wird die Probe eine definierte Zeit (2 oder 5 Tage) in Dunkelheit bei 20°C aufbewahrt. Dabei darf kein Sauerstoff in die Probe eingetragen werden. Danach wird der Sauerstoffgehalt erneut bestimmt, aus der Differenz der beiden Werte ergibt sich dann der BSB. BSB_5 ist der Wert der nach 5 Tagen erreicht wird. Die ermittelten Werte können einzelnen Güteklassen zugeordnet werden (vgl. Tab. 2). Es muss jedoch gewährleistet sein, dass zum Ende des Versuchs noch mindestens 2 mg/l Sauerstoff in der Probe enthalten sind, da sonst die Abbautätigkeit der Mikroorganismen eingeschränkt werden kann. Ist das der Fall muss die Probe verdünnt untersucht werden. Die Bestimmung des BSB findet vor allem Anwendung in

BSB_5 in mg/l	Güteklasse des untersuchten Gewässers
0– 2	I (oligosaprob)
2– 4	II (β-mesosaprob)
4–10	III (α-mesosaprob)
über 10	IV (polysaprob)

Tabelle. 2 : BSB_5 und Güteklassen

Quelle: BAUR 1987: 59

Kläranlagen, um die Reinigungsleistung zu kontrollieren. Hier darf ein bestimmter BSB für gereinigtes Wasser nicht überschritten werden. Bei diesem Verfahren wird die Abbautätigkeit von Mikroorganismen indirekt gemessen, daher kann man dieses Verfahren auch zu den biologischen Methoden zählen, jedoch muss man den Sauerstoffgehalt chemisch bestimmen, weshalb auch eine Einordnung zu den chemischen Methoden möglich ist.

3.2.4 Die Bestimmung und Bedeutung des chemischen Sauerstoffbedarfs

Beim chemischen Sauerstoffbedarf (CSB) wird nicht die Abbautätigkeit von Mikroorganismen indirekt gemessen, sondern chemisch alle Stoffe oxidiert die sich im Wasser befinden. Es spielt dabei keine Rolle ob die Stoffe biologisch abbaubar sind oder nicht. Im Bereich zwischen 0-40 mg/l ist die Bestimmung des Wertes photometrisch möglich, den größten Anwendungsbereich hat jedoch die Rücktitration mit Fe^{2+}- Ionen. Dabei wird die Probe mit Schwefelsäure angesäuert und Silberionen als Katalysator zugegeben. Mit Hilfe von Kaliumdichromat ($K_2Cr_2O_7$) das als Sauerstoffspender fungiert und einer Erhitzung auf 148,5 °C für 2 Stunden werden alle Stoffe in der Probe oxidiert. Danach wird mit Fe^{2+}- Ionen rücktitriert, woraus sich der Kaliumdichromatverbrauch ergibt und somit die Menge des theoretisch verbrauchten Sauerstoffs berechnen lässt. (vgl. www.wasser-wissen.de) Die erhaltenen Werte sind immer höher als die des BSB (vgl. Tab. 3), denn der CSB umfasst mehr Stoffe .

Gewässergüteklasse	CSB [mg/l]
I, I-II	2-15
II, II-III	15-40
III, III-IV	40-100
IV	>100

Tabelle. 3 : CSB und Gewässergüte

Quelle: Neumann (1999): 3

3.2.5 Die Bedeutung und Bestimmung des Säurebindungsvermögen

Kalk hat die Eigenschaft Säuren binden zu können. Das Säurebindungsvermögen (SBV) entspricht daher dem Kalkgehalt im Wasser. „Das Säurebindungsvermögen sagt nicht nur etwas über den Kalkgehalt eines Gewässers, sondern auch über dessen Fruchtbarkeit aus. Liegt das Säurebindungsvermögen unter 0,5, so zeigt es sehr geringe Fruchtbarkeit an. Bei Werten zwischen 0,5 und 2 können wir mit guten Fischerträgen rechnen, bei Werten zwischen 2 und 5 sogar mit sehr guten. Liegt das SBV noch darüber, so können maximale Fischerträge erwartet werden, wenn nicht andere Faktoren, z.B. zu hoher BSB_5-Wert, den Ertrag einschränken. Teichwirte „düngen" bei zu geringen SBV-Werten das Wasser mit Kalk, um die Fruchtbarkeit des Gewässers zu erhöhen" (BAUR 1987: 63). Das SBV kann einfach durch Titration mit Methylorange als Indikator und Normalsalzsäure bestimmt werden (vgl. Abb.15).

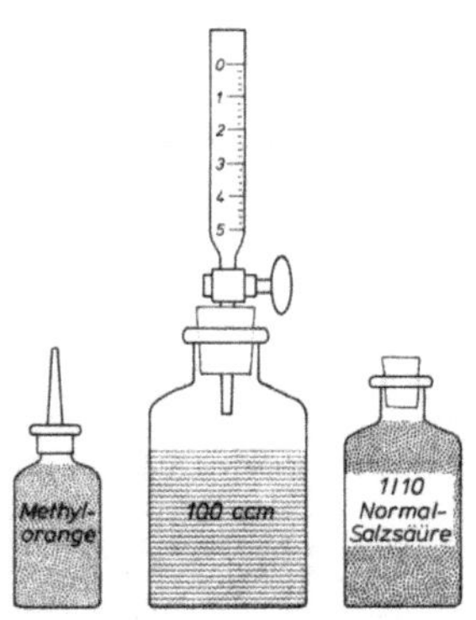

Das Säurebindungsvermögen ist deshalb so wichtig, weil z.B. „ Schneewasser aus großen Fichtenbeständen so sauer sein kann, dass Fische sogar eingehen" (BAUR 1987: 63f). Somit bewirkt ein hoher Kalkgehalt im Wasser eine Stabilisierung des pH-Wertes des Gewässers.

Abbildung 15:
Gerätschaften zur Bestimmung des
Säurebindungsvermögens

Quelle: BAUR 1987: S63

3.2.6 Die Bestimmung und Bedeutung des pH-Wertes

Wasser kann, wie allgemein bekannt mit der chemischen Formel H_2O beschrieben werden. Diese Wassermoleküle zerfallen in die elektrisch geladenen Bestandteile H^+ und OH^-. „Überwiegt in einer Lösung die Zahl der H^+-Ionen, dann spricht man von einer Säure. Ist die Zahl der OH^--Ionen größer als die Zahl der H^+-Ionen, dann handelt es sich um eine Lauge. (…) Ob ein Wasser neutral, sauer oder basisch ist, wird durch den pH-Wert ausgedrückt: bei pH 7 ist das Wasser neutral; pH-Werte von 7 an abwärts signalisieren zunehmend saureres

Wasser, von pH 7 an aufwärts (bis pH 14) zunehmend alkalisches. Innerhalb eines bestimmten Bereiches können Fische und andere Wassertiere schwache Säuren und Laugen tolerieren. Die Grenzen sind aber verhältnismäßig eng (vgl. Tab 4): Wasser mit pH-Werten unter 6 und über 9 ist in der Lage Beton- oder Metallrohre zu zerfressen; und so verwundert es nicht, wenn auch Fische außerhalb dieser Grenzen gefährdet sind" (BAUR 1987: 65).

Fischart	unterer	oberer
	tödlicher Grenzwert	
Karpfen	4,7	10,8
Forellen	5,5	9,2
Schleien	4,4	10,8
Hechte	4,4	10,7

Tabelle. 4: pH- Genzwerte einiger Fischarten

Quelle: BAUR 1987: 65

Die Bestimmung des pH-Wertes ist relativ einfach. Bestimmte Indikatoren verändern je nach pH-Wert ihre Farbe, diese Indikatoren können direkt in eine Probe gegeben werden und die Farbe mit einer Farbscala verglichen werden. Dies funktioniert nur wenn die Probe selbst farblos ist. Ist die Probe eingefärbt helfen so genannte nicht blutende Teststäbchen. Sie werden in die Probe getaucht und können danach abgewaschen werden, ohne dass sich das Ergebnis verändert. Der pH-Wert hat nicht nur direkte Auswirkungen auf die Biozönose eines Gewässers, er bestimmt auch z.B. das Verhältnis von verhältnismäßig ungiftigem Ammonium zu hoch giftigem Ammoniak. Somit ist ein möglichst neutraler pH-Wert für Gewässer wünschenswert.

3.2.7   Die Bestimmung und die Bedeutung der Kohlensäure

Kohlensäure entsteht aus CO_2 und H_2O (vgl. Abb. 16). CO_2 gelangt aus der Atmung der Wassertiere und durch Eintrag aus der Atmosphäre in Lösung. Fische können nur bestimmte Höchstmengen an Kohlensäure ertragen. „Regenbogenforellen werden schon bei Werten um 18 mg/l unruhig, bei 40 mg/l ist die Atmung schon merklich gesteigert. Bei 55 mg/l beginnen sie zu taumeln und bei Werten um 147mg/l sterben sie ab. (…) Diese Werte sind keine absoluten Zahlen. Viele andere Faktoren sind ebenfalls von Bedeutung. Kranke oder geschwächte Fische z.B. zeigen früher Wirkung als gesunde kräftige. Außerdem spielt auch der Sauerstoffgehalt eine wesentliche Rolle. Bei geringen Sauerstoffwerten können Fische auch nur niedrige Kohlensäure Werte überleben, bei steigendem Sauerstoffangebot werden etwas höhere Kohlensäurewerte toleriert" (BAUR 1987: 67f).

Abbildung 16: Kohlensäureentstehung
Quelle: BAUR 1987: 67

$$\text{Kohlendioxid} \quad \text{und Wasser} \rightarrow \text{Kohlensäure}$$
$$CO_2 \quad\quad + H_2O \quad \rightarrow H_2CO_3$$

Oft lässt sich nicht sofort erkennen, ob ein Fisch an Sauerstoffmangel oder an zu viel Kohlensäure verendet ist. Um passende Gegenmaßamen ergreifen zu können ist es nötig beide Konzentrationen zu bestimmen. Die Bestimmung des Kohlensäuregehaltes wird mittels Titration vorgenommen. Der Indikator ist dabei Phenolphthaleinlösung und die Titrierlösung Natronlauge.

3.2.8 Bestimmung und Bedeutung von Ammonium und Ammoniak

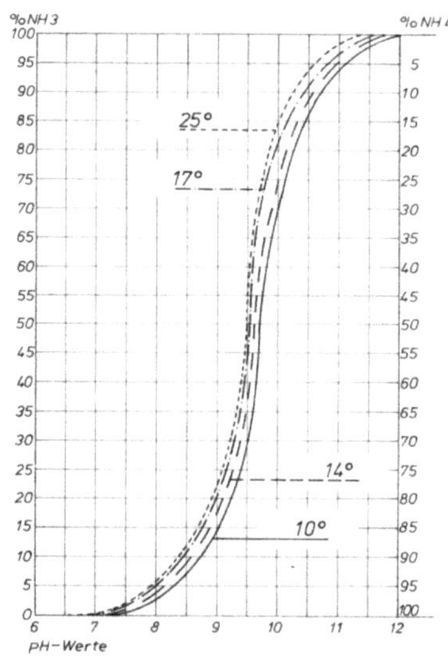

Abbildung 17:
Ammonium/Ammoniak-Verhältnis
Quelle: BAUR 1987: 73

Ammonium und Ammoniak werden über Colorimetrie oder Photometrie bestimmt. Ammonium (NH_4) und Ammoniak (NH_3) entstehen bei den Zersetzungsprozessen von Eiweiß, das vor allem über Tierkadaver und Abwässer in ein Gewässer gelangt und von Pilzen und Fäulnisbakterien zu Ammonium und Ammoniak abgebaut wird. „Ammonium ist weit weniger giftig als Ammoniak"(BAUR 1987: 71). Beide Stoffe stehen in einem von Temperatur und pH-Wert abhängigen Verhältnis zueinander (vgl. Abb. 17).

Die Produkte des Eiweißabbaus liegen bei pH 6 zu 100% als Ammonium vor. Bei pH 7 liegen 1%, bei pH 8 4%, bei pH 9 25% und bei pH 10 80% der Abbauprodukte als Ammoniak vor (vgl BAUR 1987: 71f). „Für den Praktiker bedeutet dies, dass sich in belastetem Wasser eine pH-Wert Verschiebung für Fische tödlich auswirken kann. Dabei ist es nicht der pH-Wert, der zum Absterben führt, sondern die Verschiebung des Gleichgewichtes zwischen Ammonium und Ammoniak. (…) Eine Ammonium-/Ammoniak-Bestimmung ist also immer nur mit einer gleichzeitig durchgeführten pH-Wert-Bestimmung sinnvoll. Erst die Ermittlung beider Größen ermöglicht es den Zustand eines Wassers exakt zu definieren" (BAUR 1987: 72). Mit steigenden Temperaturen ändert sich das Verhältnis von Ammonium zu Ammoniak ebenfalls zu Gunsten des hochgiftigen Ammoniaks. Dies bedeutet, dass in belasteten Gewässern eine Erwärmung, z.B durch die Abwässer der Kühlanlage eines Kraftwerkes, für Fische kritische Verhältnisse hervorrufen kann. Dies ist vor allem bei pH-Werten von 9-10 der Fall.

3.2.9   Bestimmung und Bedeutung von Nitrit und Nitrat

Ammonium und Ammoniak werden in zwei Schritten von Mikroorganismen zu Nitrat abgebaut. Durch die Oxidation des Ammoniums bzw. Ammoniaks durch die Bakterien der Gruppe Nitrosomonas, den so genannten Nitrifikanten I, entsteht zunächst Nitrit (vgl. Abb. 18). Nitrit ist genau wie Ammoniak höchst fischgiftig und kann bereits ab Konzentrationen von 0,2- 0,4 mg/l tödlich wirken. Bei der Oxidation von Ammonium wird ein O_2 Molekül an ein N-Atom angelagert, die freiwerdenden vier H^+ verbinden sich mit einem weiteren O_2 - Molekül zu zwei H_2O. Es werden also um ein NH_4 - Molekül in Nitrit zu überführen zwei O_2 benötigt. Dieser Sauerstoff wird dem Wasser entzogen. Nitrit wiederum wird von den Nitrifikanten II, den Nitrobacter, in Nitrat überführt. Dabei wird wieder Sauerstoff verbraucht, der wieder dem Wasser entzogen wird. Bei großer Aktivität der Nitrifikanten I und II durch anhaltend hohe Belastung mit Ammonium oder Ammoniak kann allein die Sauerstoffzerrung zu Fischsterben führen (vgl. BAUR 1987: 74ff).

„Nitrat ist aber nun selbst in vergleichsweise hohen Konzentrationen kein Fischgift mehr, so dass mit dem Erreichen dieser Stufe die giftigen Substanzen aus dem Wasser verschwunden sind" (BAUR 1987: 75).

Nitrat ist ein Düngemittel welches oft den limitierenden Faktor des Pflanzenwachstums darstellt. Steigt der Nitratgehalt, so wird das pflanzliche Wachstum möglicherweise in einer sogar unerwünschten Weise angekurbelt (vgl. BAUR 1987: 75.) Es besteht also bei einer zu großen Menge Nitrat die Gefahr einer Eutrophierung, bei einer geringen Konzentration ist das Pflanzenwachstum gehemmt. Die Bestimmung von Nitrit und Nitrat ist über Teststäbchen oder Photometrie möglich.

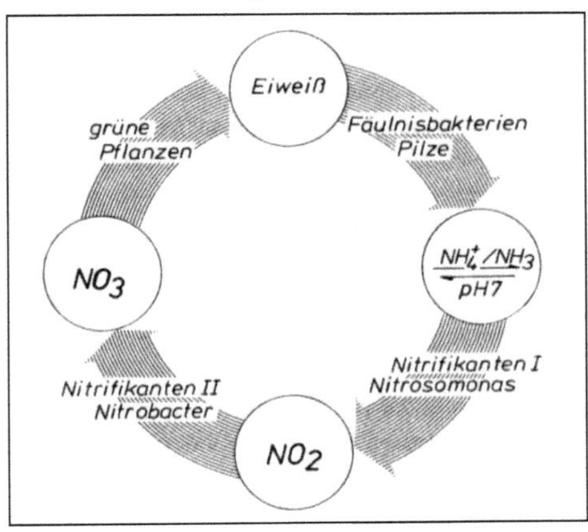

Abbildung 18:
Kreislauf des Stickstoffs im
Wasser

Quelle: BAUR 1987: 76

3.3   Die physikalischen Methoden

Die physikalischen Methoden geben Informationen über die grundlegenden Bedingungen in einem Gewässer. Die Messapparaturen sind im Allgemeinem sehr einfach und unproblematisch zu handhaben. Beispiele dafür sind die Ermittlung der Wassertemperatur, der Sichttiefe und der Menge der absetzbaren Stoffe.

3.3.1   Die Bestimmung und Bedeutung der Wassertemperatur

„Die Wassertemperatur beeinflusst nicht nur die Aktivität der Tiere, sondern praktisch alle Lebensprozesse in einem Gewässer. (…) Ein Karpfen von 1 Kg Gewicht verbraucht bei 5 °C in einer Stunde etwa 14mg Sauerstoff, (…) bei 15°C verbraucht er bereits 40 mg (…). Verhängnisvoll wird dies dadurch, dass mit steigender Wassertemperatur und Sauerstoffverbrauch der Fische, das Angebot an Sauerstoff im Wasser aber immer geringer wird (vgl. BAUR 1987: 87). So spielt die Temperatur eine wichtige Rolle bei der Bestimmung der relativen Sauerstoffsättigung. Die Messung der Wassertemperatur, die analog zur Lufttemperaturmessung mittels Thermometers durchgeführt wird, ist nicht ganz unproblematisch. Durch frühzeitiges Herausnehmen eines Thermometers aus dem Wasser, Abwärme der Hände, oder bei Tiefenmessungen durch den Kontakt mit anders temperierten Wasserschichten, sind Verfälschungen der Messergebnisse möglich. Bei oberflächennahen Messungen wird die Wassertemperatur am besten noch im Wasser selbst abgelesen, und zwar in dem man das Thermometer an seinem oberen Ende mit den Fingerspitzen hält. Zum Messen der Wassertemperatur in größeren Tiefen eignen sich normale Thermometer nicht. Manche Gewässerwarte behelfen sich damit, dass sie das Thermometer in eine beschwerte Flasche oder dergleichen stecken und dieses Gerät erst in der Tiefe durch einen Ruck an der Leine öffnen und mit Wasser vollaufen lassen. Beim Emporziehen kann sich dann die in der Flasche gesammelte Menge Tiefenwasser nicht so schnell erwärmen und die so abgelesenen Werte kommen den tatsächlichen Werten sehr nahe. Die genauesten Ergebnisse liefern so genannte „Minimum-Maximum"-Thermometer, die auch nach dem Herausziehen durch anders temperierte Wasserschichten immer noch genau den ursprünglichen Wert anzeigen (vgl. BAUR 1987: 86f). Heute sind auch elektronische Messgeräte im Einsatz, die den Zeitaufwand minimieren können.

3.3.2   Die Bestimmung und Bedeutung der Sichttiefe

Zur Bestimmung der Gewässergüte kann u. U. die durch die Verfärbung bzw. Trübung begrenzte Sichttiefe herangezogen werden. Generelle Aussagen können aber nicht gemacht werden, weil die verschiedenen Ursachen der Sichteinschränkung wie Algenproduktion, Huminsäuren, giftige Farbstoffe, harmlose Farbstoffe usw. kein Pauschalurteil zulassen. Zur Ermittlung der Sichttiefe wird eine ca. 20x20 cm große, weiß angestrichene Scheibe in waagerechter Stellung an einem Messband langsam versenkt. Sobald die Scheibe nicht mehr zu erkennen ist, wird die Bandlänge bestimmt. Diese Länge mit 2 multipliziert ergibt die Mächtigkeit der lichtdurchfluteten Wasserschicht(vgl. BAUR 1987: 88). Die Multiplikation ist notwendig, da das Licht die Wassersäule über der Scheibe zweimal durchqueren muss, um an der Wasseroberfläche wahrgenommen werden zu können.

3.3.3   Die Bestimmung und Bedeutung der absetzbaren Stoffe

Genau wie es nicht möglich ist, eine ideale Sichttiefe anzugeben, können keine allgemein gültige Aussagen über die Menge der absetzbaren Stoffe gemacht werden. Auch hier spielt die Art der Stoffe die wichtigste Rolle. Eine Menge organisch abbaubarer Stoffe, z.B. Schlachtabfälle aus einer Metzgerei, ist sehr viel belastender als die gleiche Menge an Erdpartikeln und Sand, die z.B. nach einem Gewitter in das Gewässer gelangen (vgl. BAUR 1987: 89). Es lassen sich nur qualitative Aussagen treffen, wenn neben Menge auch die Zusammensetzung der Stoffe bekannt ist.

Die absetzbaren Stoffe werden mit einem tütenförmigen Glasgefäß, dem so genannten Imhoff-Trichter, erfasst. In den Trichter wird 1 Liter des Untersuchungswasser eingefüllt und unbewegt aufbewahrt. Etwa ¼ Stunde vor Beendigung der genormten zweistündigen Versuchszeit wird der Trichter in seinem Gestell stehend, kurz ruckartig um seine Längsachse gedreht. Dadurch wird erreicht, dass Substanzen, die sich auf ihrem Weg nach unten an der Glaswand abgesetzt haben, losgerissen werden und auch absinken(vgl. BAUR 1987: 89).

4.   Fazit

Es bleibt festzuhalten, dass die Bewertung eines Gewässers ein Zusammenfassen vieler verschiedener Faktoren ist. Je mehr Faktoren ermittelt werden, desto genauer und sicherer wird das Bild des Gewässers. Für den Privatmann haben die biologischen Methoden große Bedeutung. Sie ermöglichen eine relativ sichere Bewertung bei sehr geringem finanziellem Aufwand, haben jedoch die Schwäche, defizitäre Zustände nicht genau und früh genug beschreiben zu können, um Gegenmaßnahmen ergreifen zu können. Dieser Nachteil ist besonders bedeutend für Fischzüchter. Sie müssen, um Ihren Bestand schützen zu können, kritische Situationen erkennen können bevor es zu kritischen Zuständen kommt. Daher nutzen sie vor allem die chemischen Methoden. Dies birgt einen höheren finanziellen Aufwand, liefert aber genaue Ergebnisse über die Inhaltsstoffe des Gewässers.

Für den staatlichen Gewässerschutz sind sowohl biologische als auch chemische Methoden von großer Bedeutung. Die biologischen Methoden bieten die Möglichkeit, ohne großen Aufwand Gewässerabschnitte zu kontrollieren, um somit den Gewässerschutz zu sichern. Durch Zulassung der so gewonnenen Erkenntnisse vor Gericht spielen diese Methoden eine große Rolle, wenn es darum geht einen Schadstoffeintrag zu beweisen bei dessen Eintrag keine Wasserproben genommen werden konnten. Die Ergebnisse der chemischen Methoden sind vor Gericht jedoch beweiskräftiger, sodass sie wann immer möglich zur Anwendung kommen. Durch Messreihen lässt sich der Nachteil der „Blitzlichtaufnahme", die eine einmalige chemische Analyse darstellt, kompensieren, jedoch steigt so auch der zu betreibende personelle und zeitliche Aufwand für eine flächendeckende Kontrolle enorm.

Um die aus chemischen Methoden gewonnenen Werte einer Güteklasse zuzuordnen, gibt es verschiedene Gewichtungsschlüssel. Welcher zum Einsatz kommt liegt im Ermessen des Untersuchenden.

Die physikalischen Methoden kommen bei fast jeder Bestimmung zum Einsatz, da z.B. die Wassertemperatur von elementarer Bedeutung für die Lebewesen in einem Gewässer ist.

Die Wahl der angewendeten Methoden und der betriebene Aufwand richten sich sehr stark nach dem Ziel der Untersuchung. Es lässt sich also nicht pauschal sagen welche verschiedenen Werte bestimmt werden müssen, es kann unter Umständen schon die Bestimmung des Saprobienindexes völlig ausreichen.

Literaturverzeichnis

ADRIAN, R., ET AL (1999): Biologische Gewässeruntersuchungen. In: Tümpling, v.W., Friedrich, G.(Hrsg.): Methoden der Biologischen Wasseruntersuchung, Bd. 2. Jena, Stuttgart, Lübeck, Ulm.

BAUR, W. (²1980): Gewässergüte bestimmen und beurteilen. Hamburg; Berlin

BAUMGARTEN, D. (1991): Zur Analytik von organischen Schadstoffen im aquatischen Ökosystem In: Bayerische Landesanstalt für Wasserforschung (Hrsg.) (1991): Münchener Beiträge zur Abwasser-, Fischerei- und Flussbiologie; Bd. 45. - Aktuelle chemische und biologische Wasser- und Schlammanalytik- Anwendung, Ergebnisse und deren ökologische Bewertung. München: 192- 213

BEVER, J., STEIN, A., TEICHMANN, H. (Hrsg.) (²1993): Weitergehende Abwasserreinigung. München.

BARNDT, G., BOHN B. (1994): Biologische und Chemische Gütebestimmung von Fließgewässern. In: Vereinigung Deutscher Gewässerschutz (Hrsg.): Schriftenreihe der Vereinigung Deutscher Gewässerschutz, Bd. 53. Berlin.

FRIEDRICH, G. (1986): Stand der Gütebewertung und nutzungsbezogene Qualitätsanforderungen an Fließgewässer in der Bundesrepublik Deutschland. In: Bayerische Landesanstalt für Wasserforschung (Hrsg.): Münchener Beiträge zur Abwasser-, Fischerei- und Flussbiologie, Bd. 40 - Bewertung der Gewässerqualität und Gewässergüteanforderungen. München: 9-33

GESELLSCHAFT DEUTSCHER CHEMIKER / FACHGRUPPE WASSERCHEMIE (Hrsg.) (1954): Deutsche Einheitsverfahren zur Wasser-, Abwasser- und Schlammuntersuchung: Physikalische, chemische und bakteriologische Verfahren. Bearb. von Haase, W.. Weinheim.

HELLMANN, H. (1986): Analytik von Oberflächengewässern. In: H. Hulpke,, H., Hartkamp, H., TÖLG, G. (Hrsg.): Analytische Chemie für die Praxis. Stuttgart, New York.

HEUS, K. (1986): Die Verfahren der biologischen Gewässerbeurteilung und ihre Auswertung. In: Bayerische Landesanstalt für Wasserforschung (Hrsg.): Münchener Beiträge zur Abwasser-, Fischerei- und Flussbiologie, Bd. 40 - Bewertung der Gewässerqualität und Gewässergüteanforderungen. München: 86-116

HEUS, K. (1976): Untersuchungen zur Bewertung von Verfahren der biologischen Gewässer-Beurteilung. In: Landesanstalt für Wasser und Abfall des Landes Nordrhein-Westfalen: Schriftenreihe der Landesanstalt für Wasser und Abfall des Landes Nordrhein-Westfalen, Bd. 36. o.O.

HOLLER, P. (1995): Arbeitsmethoden der marinen Geowissenschaften. Stuttgart.

JENS, G. (1980): Bewertung der Fischgewässer. Hamburg, Berlin.

MAUCH, E. (1976): Leitformen der Saprobität für die biologische Gewässeranalyse. Frankfurt am Main.

MAUCH, E. (1986): Biologische Gewässeranalyse und Auswertung auf der Basis des Saprobiensystems. In: Bayerische Landesanstalt für Wasserforschung(Hrsg.): Münchener Beiträge zur Abwasser-, Fischerei- und Flussbiologie, Bd. 40 - Bewertung der Gewässerqualität und Gewässergüteanforderungen. München: 34-85

MERCK, E. (1974): Die Untersuchung von Wasser. Darmstadt.

OBST, U. (2001): Biochemische Bewertung von Wasser – Stand und Perspektiven. Karlsruhe.

RUMP, H. H., KRIST, H. (^{2}1992): Laborhandbuch für die Untersuchung von Wasser, Abwasser und Boden. Weinheim.

SCHNEIDER, P., ET AL.(2002): Leitbildorientierte physikalisch-chemische Gewässerbewertung-Referenzbedingungen und Qualitätsziele. Chemnitz, Bayreuth.

TONDORF-KRÄMER, R.(1989): Der Einfluss von künstlichen Wasserstandsschwankungen auf die Biozönosen von Fließgewässern und Ihre Auswirkungen auf die Bestimmung der Gewässergüte. Bonn.

Internetquellen:

SEILNACHT, T. (2006): Naturwissenschaftliches Arbeiten. Internet: http://www.seilnacht.com/Lexikon/Titratio.htm(3.11.2006).

INSTITUT FÜR UMWELTVERFAHRENSTECHNIK – UNIVERSITÄT BREMEN (2000): chemischer Sauerstoffbedarf. Internet: http://www.wasser-wissen.de/abwasserlexikon/c/csb.htm(10.12.2006).

Universität Hohenheim (o.J.): Prinzip der Photometrie. Internet: www.uni-hohenheim.de/lehre370/weinbau/bild_htm/messen/photo1.htm, www.uni-hohenheim.de/lehre370/weinbau/bild_htm/messen/photo2.htm, www.uni-hohenheim.de/lehre370/weinbau/bild_htm/messen/photo3.htm (10.12.2006)

NEUMANN, S. (1999): Chemischer Sauerstoffbedarf (CSB) – Biochemischer Sauerstoffbedarf(BSB). Internet: http://content.grin.com/binary/hade_download/5780.pdf (10.12..2006)